设 计 原 理 拆 解

|基 础 篇|

版 式 设 计 手 册

日本动力设计 著　李子 译

北方联合出版传媒（集团）股份有限公司

辽宁科学技术出版社

INTRODUCTION 导语

很多人都有这种体会：

明明参考了许多优秀的版式案例，自己的创作却总是不尽如人意⋯⋯

总觉得哪里有所欠缺，又不知问题出在哪里⋯⋯

诚然，学习他人的优秀设计非常重要，

但是，能够把自己的所见所感完整、精彩地呈现出来，也绝非易事。

创作碰壁的原因是这样的：

未能理解蕴含在作品细节中的"设计理由"与"设计意图"，仅凭着一种"无法描述的感觉"去模仿。

本书通过描摹、临摹版式设计作品，来帮助读者理解设计师的"设计理由"与"设计意图"，掌握觉察作品细节的能力。

书中所有的设计素材都可以下载，省去了收集素材和思考题材的麻烦。

本书适合想要提升版式设计水平，将所思所想落实于创作的人们。

如果本书能够为读者提供一些帮助，笔者将不胜荣幸。

HOW TO USE 使用指南

■ 关于本书

本书是版式设计原理与练习实践相结合的基础内容，整体包含两个部分：纸版手册和可供下载的电子版素材。

下载素材中包括"作品示例""素材"及"文本"，请根据纸版手册的提示进行设计练习。

具体练习方式如下：

STEP 1 描摹 ▶

首先将"作品示例"的图像素材作为底稿；然后在底稿上运用同样的素材、文字进行描摹。通过描摹专业的设计作品，重新体会设计的平衡感和细节调整。

STEP 2 临摹 ▶

适应描摹之后，开始挑战临摹。临摹不备底稿，需通过观察和参照"作品示例"，尝试进行同样的创作。通过与"作品示例"的对比，检查自己作品的平衡感及文字的位置、尺寸是否合适等，在此过程中提升设计能力。

STEP 3 创作

运用设计素材和文本素材进行原创创作。重要的是，在创作开始之前，要认真思考设计的目的、作用和主题等。通过创作练习，形成一定的模式，最终掌握能够运用于实践的设计能力。

HOW TO USE 使用指南

■ 关于下载素材

本书的案例素材可以扫描右侧二维码进行下载。

提取码：ju1m

素材可供Adobe Creative Cloud用户和其他用户使用。
请酌情下载目标素材。各类素材概要如下。

Adobe CC用户

内有PSD、AI格式的图片素材，txt形式的文本，JPG
形式的作品示例。使用以上素材需要Photoshop或
Illustrator等软件。

其他用户

内有JPG、PNG形式的图片素材，txt形式的文本，JPG
形式的作品示例。可用WORD或POWERPOINT等程序
进行读取。非Adobe CC用户可以下载此素材。此外，部
分练习题需要使用Adobe Illustrator来完成，不能使用
该软件的无法完成，敬请谅解。

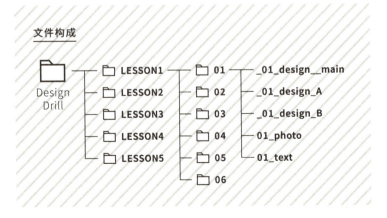

文件构成

Design
Drill
- LESSON1 — 01 — _01_design__main
- LESSON2 — 02 — _01_design_A
- LESSON3 — 03 — _01_design_B
- LESSON4 — 04 — 01_photo
- LESSON5 — 05 — 01_text
  - 06

注意事项

- 本书案例使用软件以Adobe CC为主，此外还可灵活使用WORD、POWERPOINT等各种程序进行设计布局练习。书中不包含以上各种软件的使用方法，无法解决关于软件使用的问题。有关软件的使用方法，请参照相关书籍。

关于使用字体

- 作品示例中使用的字体多为Adobe Fonts提供。非Adobe CC用户无法使用Adobe Fonts，请使用其他字体进行练习。

- 在部分作品示例中运用了免费字体（在网络上可以下载）。本书中使用的免费字体旁，均以 **F** 标记示意。如果不能下载同款字体，请使用其他字体进行练习。

关于下载素材的权利

- 下载素材专为购买本书的读者练习使用，并非免费素材。严禁用于其他目的的使用、复制和发布。

- 任何下载素材，未经SOCYM股份有限公司书面许可，严禁通过电子、机械、临摹、录音等形式或手段复制，严禁保存或传输至搜索系统。

- 因使用下载素材而产生的任何损失，SOCYM股份有限公司及作者不负任何责任，敬请谅解。

HOW TO USE/ 使用指南

■本书的用法

第1页

包含设计目标、作品示例、预计用时、设计要点等。在正式开始操作之前，首先要充分理解作品示例和设计要点。

第2页

包含练习的方法、素材、字体、色彩等信息。页面右上方的"文件路径"，详细提示了设计素材、文本素材所在的位置。

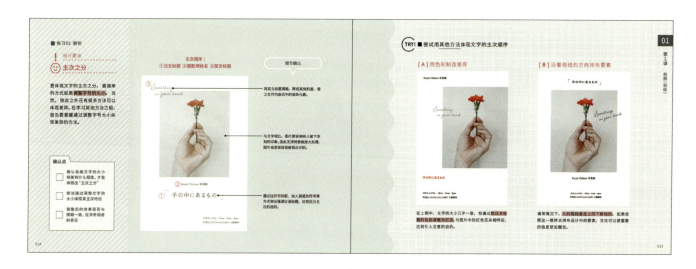

第3页

介绍各个要素的优先顺序、留白的处理方法、图片的裁切……对设计布局需要注意的关键点进行解析。

第4页

利用相同的素材设计不同的排版方案,提供设计建议。推荐有进阶需求的读者深入挑战这部分内容。

INDEX 目录

导语 ⋯⋯⋯⋯⋯⋯⋯⋯⋯⋯⋯⋯⋯ P.002   使用指南 ⋯⋯⋯⋯⋯⋯⋯⋯⋯⋯⋯ P.003

第1课 构图（初级）

练习 **01**

摄影展传单

P. 012

练习 **02**

地产公司名片

P. 016

练习 **03**

打折活动 DM 广告

P. 020

练习 **04**

婚礼请柬

P. 024

练习 **05**

甜甜圈店海报

P. 028

第1课 构图（初级）　　第2课 色彩

练习 **06**

绿植专营店 DM 广告

P. 032

练习 **07**

美容诊所的横幅广告

P. 038

练习 **08**

情人节活动海报

P. 042

练习 **09**

跳蚤市场传单

P. 046

练习 **10**

甜品店的 POP 广告

P. 050

专栏No.1 设计构图模板一览表·················· P.036   专栏No.3 字体种类及印象一览表 ·············· P.088
专栏No.2 色彩印象一览表······················ P.054   专栏No.4 图片布局方法一览表·················· P.110

 第2课 色彩   **第3课 文字**

练习 **11**

眼镜店广告卡

P. **051**

练习 **12**

美妆店 POP 广告

P. **056**

练习 **13**

促销活动 DM 广告

P. **060**

练习 **14**

音乐节活动传单

P. **064**

练习 **15**

打折活动横幅广告

P. **068**

AA 第3课 文字

练习 **16**

餐厅 LOGO

P. **072**

练习 **17**

打折活动 LOGO

P. **073**

练习 **18**

面包店海报

P. **076**

练习 **19**

饮料工厂海报

P. **080**

练习 **20**

樱花节传单

P. **084**

INDEX 目录

第4课 图片

练习 21
杂志封面

P. 090

练习 22
旅行社海报

P. 094

练习 23
甜品店传单

P. 098

练习 24
咖啡店开业 DM 广告
P. 102

练习 25
日本茶专营店卡片
P. 106

第4课 图片

练习 26
美发沙龙 DM 广告

P. 107

第5课 构图（高级）

练习 27
杂志的专题报道
P. 112

练习 28
电影海报

P. 116

练习 29
餐厅菜单

P. 120

练习 30
瑜伽教室传单
P. 124

第 1 课

构图（初级）

练习 01 — 06

第1课 构图（初级）

练习

01

[设计描摹]
摄影展传单

所谓"设计"——换言之，就是"将构图要素按照优先顺序排列，使其清晰明了的过程"。在开始设计之前，首先应该确定构图要素的优先顺序。

预计用时 **30** 分钟

■ 描摹下面的案例，学习构图要素的优先顺序。

Something
in your hand.

Kunii Chihiro 写真展

「 手の中にあるもの 」

20XX.4.17fri. - 21tue. 11am - 8pm
代官山 GOOS GALLERY 入場無料

该例是如何表现构图要素的优先顺序的？

■ 基本信息

- 尺寸

A5 竖版（148mm×210mm）

- 构图要素
- 标题（日文）
- 标题（英文）
- 摄影师姓名
- 日期、时间、地点
- 图片

■ 使用素材

■ 使用字体

- 貂明朝テキスト Regular
- Braisetto Bold

■ 使用色彩

```
C    0%
M    0%
Y    0%
K  100%
```

```
C    0%
M    0%
Y    0%
K   60%
```

! 设计要点

主次之分

要体现文字的主次之分，最简单的方式就是调整字号的大小。当然，除此之外还有很多方法可以体现差异。在学习其他方法之前，首先要掌握通过调整字号大小来体现差异的方法。

确认点

- ☐ 确认各级文字的大小相差到什么程度，才能体现出"主次之分"
- ☐ 尝试通过调整文字的大小体现其主次地位
- ☐ 调整后的效果是否与预期一致，征求旁观者的意见

主次顺序：
①日文标题 ②摄影师姓名 ③英文标题

③ Something in your hand.

② Kunii Chihiro 写真展

① 手の中にあるもの

20XX.4.17fri. - 21tue. 11am - 8pm
代官山 GOOS GALLERY 入場無料

细节确认

将英文标题调暗，降低其饱和度，使之仅作为版式中的装饰元素。

与文字相比，图片更容易给人留下深刻的印象。因此无须特意做放大处理，图片信息很容易被观众识别。

通过拉开字间距、加入首尾的符号等方式突出强调日语标题，达到区分主次的目的。

TRY! ■ 尝试用其他方法体现文字的主次顺序。

[A] 用色彩制造差异　　　　　　　　　　## [B] 沿着视线的方向排布要素

在上例中，文字的大小几乎一致，但通过把日文标题的色彩调整为红色， 与图片中的红色花朵相呼应，达到引人注意的目的。

通常情况下，人的视线是自上而下移动的。如果按照这一顺序去排布设计中的要素， 往往可以使重要的信息更加醒目。

练习

02

[设计描摹]
地产公司名片

在设计中，"对齐"是基础中的基础。将设计要素按照一定的对齐方式排列，可以让信息更加易于识别和传达。

预计用时  **30** 分钟

■ 描摹以下案例，学习对齐方式。

?
:(

作品各部分要素
- - - - - - - - -
是如何对齐的？

■ 基本信息

- 尺寸
名片 竖版（55mm×91mm）

- 构图要素

- 公司名
- LOGO
- 名字
- 职务
- 地址、电话号码
- 电子邮件
- 网址

■ 使用素材

SUGI
REAL
ESTATE

■ 使用字体

- Noto Sans CJK JP DemiLight

- Noto Sans CJK JP Light

■ 使用色彩

C	0%
M	0%
Y	0%
K	100%

C	0%
M	0%
Y	0%
K	0%

! 设计要点

☺ 对齐标准

在本例中，名片的文字、LOGO等组成要素都采用了居中对齐的方式。以右图为例，图中红色虚线即是作为对齐方式的参考线。依据参考线进行排版设计，会使版面更显工整、匀称，设计工作也更容易有序开展。

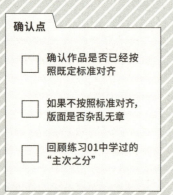

确认点

☐ 确认作品是否已经按照既定标准对齐

☐ 如果不按照标准对齐，版面是否杂乱无章

☐ 回顾练习01中学过的"主次之分"

居中对齐
具有稳定感，给人以庄重、大方的印象

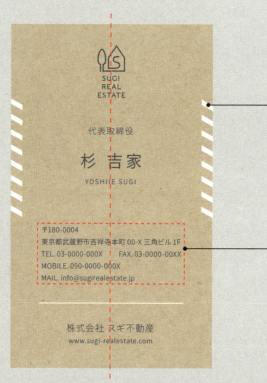

〒180-0004
東京都武蔵野市吉祥寺本町00-X 三角ビル 1F
TEL. 03-0000-000X　　FAX. 03-0000-00XX
MOBILE. 090-0000-000X
MAIL. info@sugirealestate.jp

株式会社 スギ不動産
www.sugi-realestate.com

细节确认

如果采用居中对齐布局，版面的对称平衡很重要，所以在名片的两侧加入了对称的条纹图案。

如果将所有文字都设置为居中对齐，反而会造成信息识别困难。因此，先将地址等信息作为一个组块，采取左对齐的方式进行排版，再将这一组块与其他要素一起做居中对齐处理。这样一来，既能使组块内的信息更易于识别，也能使整个版式看起来更加规整。

TRY! ■ 尝试其他对齐方式。

[A] 左对齐

代表取締役

杉 吉家

YOSHIIE SUGI

〒180-0004
東京都武蔵野市吉祥寺本町 00-X 三角ビル 1F
TEL. 03-0000-000X   FAX. 03-0000-00XX
MOBILE. 090-0000-000X
MAIL. info@sugirealestate.jp

株式会社 スギ不動産
www.sugi-realestate.com

左对齐是最基本, 也是最无可非议的对齐方式。左对齐使作品重心偏左, 因此将 LOGO 放置在右上角, 会使版面的平衡感更佳。

[B] 设定多种对齐方式

SUGI
REAL
ESTATE

代表取締役

杉 吉家

YOSHIIE SUGI

〒180-0004
東京都武蔵野市吉祥寺本町 00-X 三角ビル 1F
TEL. 03-0000-000X
FAX. 03-0000-00XX
MOBILE. 090-0000-000X
MAIL. info@sugirealestate.jp

株式会社 スギ不動産
www.sugi-realestate.com

右对齐只适用于版面的局部, 因为起始部分的文字组块如果参差不齐可能会造成阅读困难, 也不适用于文字较多的内容。

练习

03

[设计描摹]

打折活动 DM 广告

缺乏平衡感的版式设计，会使人产生不安的感觉。那么，什么样的版式才称得上是"具有平衡感"的设计呢？

预计用时 🕐 **45** 分钟

■ 描摹下面的案例，学习构图的平衡。

? 作品是如何

营造平衡感的?

■ 基本信息

- 尺寸

DM 横版 （150mm × 100mm）

- 构图要素

・标题
・日期
・LOGO
・文字
・插画

■ 使用素材

■ 使用字体

・Fairwater Script Bold

・DIN 2014 Bold

・FOT- 筑紫 A 丸ゴシック Std B

・りょうゴシック PlusN R

■ 使用色彩

	C 66%	C 17%	C 0%
	M 40%	M 21%	M 0%
	Y 77%	Y 71%	Y 0%
	K 0%	K 0%	K 0%

	C 4%	C 0%
	M 8%	M 0%
	Y 14%	Y 0%
	K 0%	K 100%

! 设计要点

☺ **视觉上的"轻重"**

在版式设计中，深色、粗大的要素，往往会显得分量较重；相反，浅色、细小的要素，往往会显得分量较轻。因此想要创作具有平衡感的版式，除了设计要素的大小，其色彩和轻重也要考虑在内。

确认点

☐ 从整体着眼，确认各要素的"轻重"处理是否达到了平衡

☐ 回顾练习01中学过的"主次之分"

☐ 观察生活中的版式设计作品是否达到了平衡

把同等重要的要素排列在版面的对角线上，有助于达成整体的平衡感

细节确认

左上和右下，右上和左下，有意识地将设计要素排列在版面的对角线上，会使作品更具平衡感。

当细小、琐碎的要素较多时，版面会显得缺乏稳定感。在下方加入线条，会使问题得到改善。

022

TRY! ■ 尝试在其他设计布局中找到平衡感。

[A] 对称布局

左右对称的对称布局具有出类拔萃的稳定感。作为一种基本的布局方式，因其可轻易达成作品的平衡感而被广泛使用。

[B] 三角形布局

当作品中有三个分量较轻的要素时，建议将三者以三角形布局排列。在该作品示例中，三个要素以"倒三角形"排列，使作品更具动感。

第1课 构图（初级）

练习
04

[设计描摹]
婚礼请柬

说起"留白"，容易被理解为"多余的空间"。实际上，"留白"是设计中必不可少的重要技巧之一。如果能有意识地在作品中加入"留白"，会使作品质感有超凡脱俗的提升。

预计用时 🕐 **30** 分钟

■ 描摹以下设计作品，学习留白。

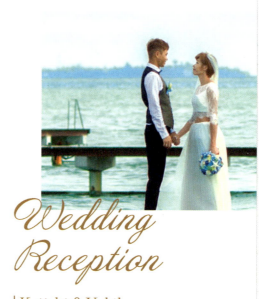

Wedding Reception

Keiichi & Yukiko
12th September 20XX

SCANDE HOTEL
YOKOHAMA

?
😕

留白的作用是

什么?

■ **基本信息**

- 尺寸
卡片 竖版（100mm×150mm）

- 构图要素
・LOGO
・标题
・名字
・日期、时间
・图片

■ **使用素材**

■ **使用字体**

・AnnabelleJF Regular

・Mrs Eaves OT Roman

■ **使用色彩**

C 30%
M 45%
Y 70%
K   0%

■ 练习04 解析

! 设计要点

☺ **留白的效果**

在不显眼的要素周围做留白处理，会提升这一要素的吸睛效果。留白可使设计作品风格更加整洁、开阔。比起密集地排列要素，做留白处理的设计更引人注目，更易于传达作品信息。

确认点

☐ 调整留白量，确认作品印象的变化

☐ 回顾练习03中学过的"平衡感"

☐ 尝试在图片以外的要素周围做留白处理

在图片周围留白，可以提升其吸睛指数！

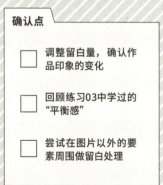

Wedding Reception

Keiichi & Yukiko
12th September 20XX

⚓ SERAPH HOTEL
YOKOHAMA

细节确认

为了与左对齐的文字信息相平衡，图片做靠右处理。

部分文字与图片做重叠处理，制造动态效果。

这里的文字信息周围做了充分的留白处理，使该部分信息更易于被观者识别。

TRY! ■尝试在其他布局中做留白处理。 ※尺寸：卡片 横版（150mm×100mm）

[A] 将天空作为留白

天空、建筑、大海……将图片中同色的大面积背景作为留白处理，是一种设计技巧。作品使人感受到天空的辽阔，给人以深刻印象。

[B] 将版面1/3做留白处理

将版面三等分，其中1/3做留白处理，即可轻易实现平衡的版面比例。将部分文字置于图片之上，可以产生动态的版面效果，摆脱枯燥、刻板的印象。

练习

05

[设计描摹]

甜甜圈店海报

对传单、海报等广告媒体来说，能否给观众留下印象至关重要。本节练习挑战"要素对比法"，使设计作品更富有吸引力，给人以深刻印象。

预计用时  **45** 分钟

■ 描摹以下设计作品，学习<u>对比法</u>。

? 作品是如何展现
两个商品的？

■ 基本信息

- 尺寸

A5（210mm×148mm）

- 构图要素

・LOGO
・图片
・广告词
・商品名、价格
・文字

■ 使用素材

■ 使用字体

・DNP 秀英丸ゴシック Std B

・Pacifico Bold

・A-OTF 見出ゴ MB31 Pr6N MB31

■ 使用色彩

C 40%
M 80%
Y 70%
K 10%

C 0%
M 0%
Y 0%
K 0%

C 0%
M 60%
Y 7%
K 0%

■ 练习05 解析

! 设计要点

对比

想要表现"对比",最重要的就是
体现反差、展示差异。这张海报
就大胆地利用棕色和粉色的色
彩反差,体现和强调了两款甜甜
圈的差异。

确认点

☐ 确认是否呈现了鲜明
的对比

☐ 确认是否实现了对称
布局

☐ 将背景调整成白色,
确认效果的差异

把海报一分为二,大胆以色彩区分

棕色区域 —— 粉色区域

あなたはどっち?

定番人気の2つのドーナツがリニューアル!
どちらを選ぶかはあなた次第!

Chocolate nuts

Strawberry pop

チョコレート ナッツ
120 yen

ストロベリー ポップ
120 yen

SWEET D@NUTS

细节确认

为了使两种色彩呈现鲜明对
比,这里仅使用了棕色、粉
色和白色,没有增加更多的
色彩。

两侧要素以对称原则排列,
使观众的注意力都集中于
"色彩差异"。

(TRY! ■ 尝试在其他布局中<u>表现对比</u>。 ※尺寸：A5竖版（148mm ×210mm）

[A] 左右布局

[B] 斜线布局

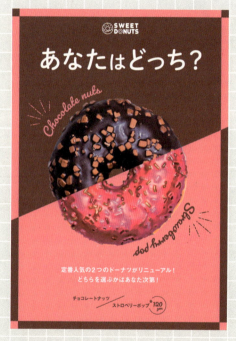

左右两侧宽度有限，较难实现完全对称布局，因此采取点对称的表现形式。这种表现形式颇具动感，建议用于体现欢乐氛围的设计当中。

当参与对比的两个主题形状相同时，也可以采用这种充满童心的表现形式，做拼接、合并处理毫无违和感。

第1课 构图（初级）

练习

06

[设计描摹]

绿植专营店 DM 广告

本节练习是第1课的总结。一边回顾本课学习的要领，一边尝试创作吧。

预计用时  **45** 分钟

■ 临摹以下设计作品。

设计布局的要点体现在哪里？

■ 基本信息

- 尺寸
明信片 竖版（100mm×150mm）

- 构图要素
・LOGO
・日期、时间
・文字
・图片

■ 使用素材

WITH B**O**TANY

■ 使用字体

・A-OTF UD 黎ミン Pr6N L   ・小塚ゴシック Pr6N R

・Rollerscript Smooth

■ 使用色彩

```
C    0%
M    0%
Y    0%
K  100%
```

```
C    0%
M    0%
Y    0%
K    0%
```

```
C    3%
M    8%
Y    9%
K    0%
```

■ 练习06 解析

! 第1课 构图（初级）

☺ **复习&总结**

这一设计布局采用了"外侧留白+居中对齐"的手法来表现安定、沉稳的风格。注意观察，确认从作品的整体风格到细节的搭配没有疏漏。

确认点

- ☐ 确认设计布局是否抓住了要点
- ☐ 尝试通过调整优先顺序和对齐方式来改变设计布局
- ☐ 如有不擅长的部分，建议多加复习

优先顺序　①LOGO　②New Open　③日期　　　基本为"居中对齐"　对齐方式

① WITH BOTANY

"植物と暮らす"をコンセプトに観葉植物・インテリア・ルームフェアを提開する新ブランド。

文字采用"两端对齐"，更易于识别。

③ 20XX.4.12 sat　② New Open　at TOKYO

将文字与图片的延长线对齐，给人以整齐、有序的印象。

| Open 10:00 | Close 21:00 |

※ 4/12（土）・4/13（日）にご来店された先着100名様にオープン記念品を差し上げます。

仅将"New Open"设置为其他字体，制造反差，起到强调作用。

平衡 将文字右移，调整版面的重心。

外侧留白，更显高雅。**留白**

WITH BOTANY

"植物と暮らす"をコンセプトに
観葉植物・インテリア・ルーム
ウェアを展開する新ブランド。

20XX.4.12sat *New Open* at TOKYO

Open 10:00　｜　Close 21:00

●4/12（土）、4/13（日）にご来店された先着100名様にオープン記念品を差し上げます。

图片的主体人物重心靠左，因此要将文字靠右排列，以获取版面的平衡感。

在图片的四周（上下左右）做均等的留白处理，使设计更具稳定感。

有意在文字周围留出空间。

[从获取学习资源入手！]

想要提升设计水平，接触大量优秀的设计作品至关重要。在此推荐可以搜索优秀设计作品的网站，仅供参考。

| Pinterest
该网站的图片、视频可供下载保存。

https://www.pinterest.jp/

| BANNER LIBRARY
该网站集中了优质的横幅广告设计案例。

http://design-library.jp/

设计构图模板
一览表

实用清单

每每准备动手创作，从零起步都十分困难。
建议先参考一些常见的设计构图。

纵向构图

居中对齐 —— 稳定感之王。

以图片为中心的居中对齐。

标题下置时，字号以偏大为宜。

竖版标题与图片结合的布局。

左对齐时，注意掌握平衡感。

大量留白，更显精练、高雅。

横向构图

上方居中对齐时，下方要素分列两侧，稳定感更佳。

要素排列于对角线两侧，平衡感更佳。

针对日文的纵向排版，文字自右向左排列更自然。

大量留白时，注意掌握平衡感。

第 2 课

 色彩

练习 07 —→ 11

练习

07

[设计描摹]
美容诊所的横幅广告

在进行设计创作时，选择色彩往往容易随心所欲。如果遵循一定的配色逻辑，可以收获更好的版面效果。

预计用时 🕐 **30** 分钟

■ 描摹以下设计作品，学习色彩搭配的方法。

?

为何选用蓝色？

■ 基本信息

- 尺寸
横幅广告（336px× 280px）

- 构图要素
・诊所名
・广告词
・引导点击图标

■ 使用素材

■ 使用字体

・りょうゴシック PlusN M

・りょうゴシック PlusN B

・漢字タイポス415 Std R

■ 使用色彩

	R 50		R 235
	G 90		G 245
	B 175		B 255
	#325AAF		#EBF5FF

	R 100		R 255
	G 146		G 255
	B 205		B 255
	#6492CD		#FFFFFF

! 设计要点

☺ **色彩印象**

每一种色彩都有其独特的印象，因此在进行设计创作时，选择什么色彩，取决于"想要给观众留下什么样的印象"。

确认点

☐ 选用色彩与想要营造的印象是否一致

☐ 了解其他色彩的印象（P.054专栏）

☐ 观察身边的设计作品所使用的色彩

蓝色
给人以信赖感、诚实的印象

细节确认

即便同属于蓝色系，随着色彩的亮度及饱和度变化，色彩的印象也会发生变化。蓝色，就给人以知性的印象。

采用直线修饰主题，强调了主题诚实的印象。

(TRY! ■ 变换色彩，改变设计给人的印象。

[A] 橘色给人以亲近感

[B] 绿色给人以安心感

■ 使用色彩

| R 245
G 125
B 45
#F57D2D | R 223
G 158
B 75
#DF9E4B | R 250
G 245
B 225
#FAF5E1 |

橘色给人明亮、亲切的感觉。运用橘色的目的：观众看到广告后，愿意"怀着轻松愉快的心情来店咨询"。而波点的背景则给人以休闲、舒适的感觉。

■ 使用色彩

| R 25
G 165
B 40
#19A528 | R 130
G 200
B 20
#82C814 | R 245
G 250
B 240
#F5FAF0 |

绿色给人自然、安心的感觉。对烦恼的人来说，这种设计有助于消除不安，使观众产生"在这接受治疗也不错"的感觉。

练习

08

[设计描摹]
情人节活动海报

本节学习运用多种色彩
为设计配色。在创作中
如果仅凭感觉选择色
彩,往往容易陷入迷茫。
只要掌握配色方法,问
题就能迎刃而解。

预计用时  **45** 分钟

■ 描摹以下设计作品,学习配色。

?
:(
作品采用了怎样
的色彩组合?

■ 基本信息

- 尺寸
A4（210mm×297mm）

- 构图要素
- 标题
- LOGO
- 广告词
- 日期
- 文字
- 详细信息

■ 使用素材

■ 使用字体

- Samantha Italic Bold
- AdornS Engraved
- EnglishGrotesque Light
- 平成角ゴシック Std W5

■ 使用色彩

```
C   9%
M  78%
Y  61%
K   0%
```

```
C  60%
M 100%
Y  70%
K  20%
```

```
C  35%
M 100%
Y 100%
K   0%
```

```
C   0%
M   0%
Y   0%
K   0%
```

！设计要点

😊 **配色理论**

想要色彩搭配和谐，需要参考一些配色理论。首先也是最基本的理论，就是色系统一。关于"色系"的概念有许多说法。初学者只需要认识到"相近色为同色系"这一层面即可。有了这种初步认识，在选择色彩时就不至于迷茫。

确认点

☐ 参照CMYK值确定色彩范围

☐ 试着挑战红色系以外的配色

☐ 思考是否有其他色系符合情人节的氛围

色系统一
创作出整齐有条理的版面

细节确认

使用红色系配色，突出情人节的氛围。

色彩过于接近会导致要素与背景混淆不清，因此要使用具有一定反差的配色。

同色系色彩相邻容易出现顺色现象，因此需要在不起眼的文字要素周围做留白处理，利用留白使信息更显清楚、明了。

TRY! ■ 学习<u>配色理论</u>，进行配色。

[A] 统一色调

■ 使用色彩

C	10%
M	48%
Y	18%
K	0%

C	35%
M	45%
Y	10%
K	0%

C	25%
M	35%
Y	50%
K	0%

C	0%
M	0%
Y	0%
K	0%

[B] 以单色作为强调色，统合全局

■ 使用色彩

C	0%
M	0%
Y	0%
K	100%

C	0%
M	0%
Y	0%
K	50%

C	0%
M	90%
Y	60%
K	0%

C	0%
M	0%
Y	0%
K	0%

色彩有三大属性：色相、亮度和饱和度。所谓色调，就是以"亮度+饱和度"组合来表现的色彩指标。<mark>只要色调统一，配色就会和谐。</mark>

所谓强调色，指的是作为<mark>重点来使用，起到引人注目、统合全局作用的色彩。</mark>即使在多色彩配色方案中，巧妙运用具有不同色调的强调色，同样十分有效。

第2课 色彩

练习
09

[设计描摹]
跳蚤市场传单

同一设计作品中应用的色彩数量被称为"色数"。本节介绍的是在控制色数的前提下，设计的表现方式。

预计用时 **45**分钟

■描摹以下设计作品，学习如何控制版面的色数。

?
:(

作品中运用了

哪些色彩组合？

■ 基本信息

- 尺寸

A5 竖版（148mm×210mm）

- 构图要素

· 标题

· 日期、时间

· 门票费用

· 插画

■ 使用素材

■ 使用字体

· 851 チカラヅヨク - かな A 🅕

· FOT- 筑紫 A 丸ゴシック Std B

■ 使用色彩

C 0%
M 10%
Y 100%
K 0%

C 0%
M 0%
Y 0%
K 0%

C 30%
M 65%
Y 0%
K 0%

设计要点

有亮度差的色彩

如同这张传单所示，主要由两种配色构成，所以要选择有亮度差的色彩。这样的作品，信息易于识别，又有起伏的张力。同时，妥善运用白色背景也是重点。

确认点

- ☐ 尝试用无亮度差的两个色彩来搭配，观察效果
- ☐ 尝试"黄色×紫色"以外的配色
- ☐ 回顾练习04中学过的"留白"

亮度高的黄色 × 亮度低的紫色

细节确认

文字选用亮度低的色彩来表示，更易于识别。

背景等次要要素选用亮度高的色彩，可以使文字更加显眼。

重要的文字信息要搭配白色背景，使其清晰、易读。

(TRY!) ■ 运用其他色彩进行配色。 ※[B]的尺寸：A5横版（210mm×148mm）

[A] 使用同色系的两种色彩

■ 使用色彩

● C 65% M 0% Y 70% K 0%	● C 20% M 0% Y 70% K 0%

使用同色系的色彩时，也要注意亮度差。如果亮度差不够，会导致文字识别困难，需要注意。

[B] 使用三种色彩

■ 使用色彩

● C 0% M 70% Y 70% K 40%	● C 50% M 0% Y 0% K 0%	● C 0% M 10% Y 100% K 0%

使用三种色彩时，也遵循同样的道理：用于文字的色彩亮度要低一些，用于背景和其他要素的两种色彩亮度要高一些。这种配色会使设计更加规整。

练习

10

[创作练习]
甜品店的 POP 广告

想要提升设计水平，自行试错也很重要。尝试各种各样的配色吧！

预计用时 **20** 分钟

■ 为季节限定商品定制的店铺POP广告，配色要符合季节设定。

※色彩最多可以使用三种　※可以随意追加要素 [需要使用Illustrator]

[题目1] **春**

[题目2] **秋**

文件路径：DesignDrill > LESSON2 > 10

提示

选用令人一看便知季节的色彩。

(A) 商品参考图

(B) 季节参考图

参考答案在 P.052 ▶

第2课 色彩

练习
11

[创作练习]
眼镜店广告卡

在设计实践中，常常要求"配色符合目标设定"。尝试根据性别和年龄来确定色彩和色调吧。

预计用时 🕐 **30** 分钟

■ 请根据题目为广告卡配色。

※可以使用白色+另外三种色彩　※不可以追加要素　[需要使用Illustrator]

提示
😮
年轻人：适合清澈、明亮的色彩
成年人：适合沉稳、冷静的色彩

文件路径：DesignDrill > LESSON2 > 11

（A）10+、20+女性参考图

（B）30+男性参考图

[题目1] **10+、20+ 女性**

[题目2] **30+ 男性**

参考答案在 P.053 ▶

! 创作要点

关联主题的色彩

其实，050页展示的[B]季节参考图，就起到了很好的提示作用。想要表现一种感觉时，可以尝试运用"关联主题"的色彩来表现。

确认点

☐ 是否选用了与各季节相关联的主题色彩

☐ 文字是否选用了易于识别的色彩

☐ 是否有意识地运用了配色理论

题目1 **象征着樱花与新绿的春季配色**

■ 使用色彩

C 0% M 55% Y 5% K 0%	C 29% M 0% Y 49% K 0%
C 0% M 3% Y 10% K 0%	

说起春季的关联主题，自然而然会想到樱花。作品以粉色为主色调，以浅淡的绿色与黄色搭配，这三种色彩都是多彩、欢快的。

题目2 **象征着红叶与秋季食物的秋季配色**

■ 使用色彩

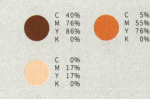

C 40% M 76% Y 86% K 0%	C 5% M 55% Y 76% K 0%
C 0% M 17% Y 17% K 0%	

秋季多见茶色主题，在四季中，秋季的气质最为沉稳。如果色彩的选择过于老气，则与甜品可爱的印象不相贴合，因此使用了橙色，更显明快。

■ 练习11 参考答案

! 创作要点

☺ **觉察色调**

色彩的选择，取决于性别；色调的确定，取决于年龄。目标客户年龄越小，选用的色彩越明亮；目标客户年龄越大，选用的色彩越深沉，这样才能达成目标客户与色彩的适配。

确认点

☐ 设计选用的色调是否与年龄相配

☐ 选用的色彩是否使文字易于识别

题目1

适合年轻女性的浅色调

明亮、清澈的浅色调，营造出轻快、可爱的氛围，与十几岁的少女非常贴合。

■ **使用色彩**

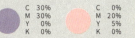

	C 30%		C 0%		C 0%
	M 30%		M 20%		M 0%
	Y 0%		Y 5%		Y 25%
	K 0%		K 0%		K 0%

题目2

适合成年男性的深色调

沉稳、优雅的深色调，与热衷于时尚的成年男士十分匹配。

■ **使用色彩**

	C 87%		C 43%		C 75%
	M 80%		M 53%		M 55%
	Y 55%		Y 63%		Y 40%
	K 0%		K 0%		K %

色彩印象
一览表

每种色彩都能给人以独特的印象及心理影响。

想要表达一种感觉，就搜索与之关联的关键词，作为选择色彩的参考吧。

- 温暖
- 温情
- 平易近人

- 自然
- 安全
- 国际化

- 神秘
- 高雅
- 成熟

- 惹人怜爱
- 幼小

- 细腻
- 婴儿
- 柔嫩

- 时髦
- 个性

- 治愈系
- 放松

- 爱恋
- 幸福
- 可爱

- 好奇心
- 希望
- 警示

- 清洁
- 爽快
- 水灵

- 威严
- 摩登
- 恐怖

- 能量
- 激情
- 愤怒

- 新鲜
- 年轻
- 清爽

- 信任
- 认真
- 和平

- 暧昧
- 无机质
- 考究

- 活力
- 活泼

- 素雅
- 日系
- 古风

- 知性
- 寂静

- 真实
- 纯粹

第 3 课

 文字

练习 12 → 20

练习

12

[设计描摹]

美妆店 POP 广告

在处理文字要素时，字体的选择十分重要。字体是能够左右作品整体印象的重要要素，需要精挑细选。

预计用时 🕐 **30** 分钟

■ 描摹以下设计作品，学习字体。

作品运用了什
么字体？给人什
么印象？

■ 基本信息

- 尺寸

圆形（85mm×85mm）

- 构图要素

· 广告词

· LOGO

· 其他信息

■ 使用素材

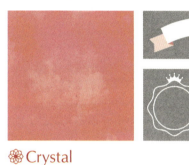

 Crystal

■ 使用字体

· A-OTF UD 黎ミン Pr6N L

· FOT- セザンヌ ProN M

■ 使用色彩

C	60%
M	80%
Y	50%
K	0%

C	30%
M	22%
Y	62%
K	0%

C	0%
M	0%
Y	0%
K	0%

! 设计要点

😊 字体的印象

不同字体也会给人以不同的印象。该作品中的主题文字运用了明朝体，给人一种高级感、品质感。与美容液的商品印象十分匹配。可见，选择与目标商品或想要表现的印象相匹配的字体非常重要。

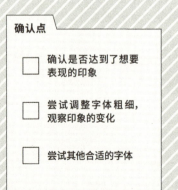

确认点

- [ ] 确认是否达到了想要表现的印象
- [ ] 尝试调整字体粗细，观察印象的变化
- [ ] 尝试其他合适的字体

明朝体
具有高级感、品质感、特别感

❀ Crystal

さわりたくなる！

素肌美人
– Clear skin –

美容液ランキング 第1位
20XX年上半期

细节确认

选择明朝体中的纤细字体，可以表现出优雅、女性化的气质。

使用平假名或汉字，表现出的印象也有所不同。

TRY! ■ 通过变换字体来控制作品的印象。

[A] 圆黑体字（丸ゴシック体）

[B] 手写字体

■ 使用字体

· DNP 秀英丸ゴシック Std L

这一字体给人一种亲和、温柔的印象，常用于以妇女、儿童为受众的设计。与明朝体给人的印象相比，这种字体更有亲和力，赋予商品一种"易于入手"的印象。

■ 使用字体

· あんずもじ Ⓕ

手写体给人一种朴素、温情的印象。与"素肌（肌肤）"字样相匹配，营造"纯植物、自然派"的印象。

练习

13

[设计描摹]
促销活动 DM 广告

在同一版面中使用多种
字体时，需要注重字体
的组合方式。掌握一些
技巧或要点，可以使版
面更加美观，使设计效
果更上一层楼。

预计用时 🕐 **30** 分钟

■ 描摹以下设计作品，学习字体的组合。

作品运用了什么
样的字体组合？

■ 基本信息

- 尺寸
DM 横版（150mm×100mm）

- 构图要素
· 图片
· 标题
· 日期
· 详细信息

■ 使用素材

■ 使用字体

· Abril Fatface Regular **F**

· Brother 1816 Light

· Rollerscript Smooth

■ 使用色彩

C 41%
M 56%
Y 47%
K 0%

C 16%
M 7%
Y 2%
K 0%

! 设计要点

☺ **设计要张弛有度**

在同一设计中运用多种字体时，对于字体或文字的形状、体量等参数，至少要在一项参数设置上体现出差异。这样才能创造出张弛有度的版式设计。

以"粗重的衬线字体 × 纤细的手写体"
来体现张弛感！

确认点

☐ 确认几种字体需要何种程度的差异才能体现张弛感

☐ 确认没有做张弛处理时作品的状态

☐ 尝试其他合适的字体组合

细节确认

这里运用手写体作为装饰，会使标题部分更加引人注目。

在设计作品中出现 3 种以上字体时，其中 1 种以选择简单字体为宜。

TRY! ■ 变换字体，找到合适的字体组合。

[A] 粗无衬线体×细无衬线体

■ 使用字体

主字体 (· Alternate Gothic No2 D
· Europa-Light

副字体 — · Prestige Elite Std Bold

运用于该设计中的字体，同属于无衬线体，但通过体量不同产生的差异，也表现出较好的张弛感及平衡感。需要注意的是，粗体字与粗体字的组合容易显得俗气，建议避免该类组合。

[B] 动态手写体×静态衬线体

■ 使用字体

主字体 (· Al Fresco Bold
· Brix Slab ExtraLight

副字体 — · GoodPro-WideLight

将富有抑扬顿挫感的动态字体与工工整整的静态字体相组合，十分具有张弛感，堪称绝配。动态字体的华丽与静态字体的内敛之间达成了相互平衡。

练习

14

[设计描摹]

音乐节活动传单

在设计作品中，文字除了承载着"供人阅读"的目的之外，也用于其他目的。本节练习介绍的是，根据文字的目的来选择字体的方法。

预计用时  **45** 分钟

■ 描摹以下设计作品，学习文字的目的。

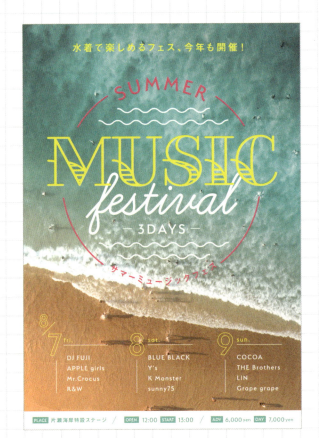

?
:(

在什么地方运用了什么字体？

文件路径：**DesignDrill > LESSON1 > 14**

14

第
3
课

文
字

■ 基本信息

- 尺寸
A5 竖版（148mm×210mm）

- 构图要素
- 标题（英文）
- 标题（日文）
- 广告词
- 日期、时间
- 地点
- 门票价格
- 演出人员

■ 使用素材

■ 使用字体

- Fairwater Deco Serif Regular
- Learning Curve Bold
- Serenity Medium
- A-OTF 见出ゴ MB31 Pr6N MB31

■ 使用色彩

C 3%
M 0%
Y 65%
K 0%

C 0%
M 0%
Y 0%
K 0%

C 3%
M 71%
Y 0%
K 0%

C 53%
M 0%
Y 20%
K 0%

! 设计要点

☺ 供人阅读与引人注意

文字信息可以分为两种：一种用来正确传递信息，即"供人阅读"；另一种起到装饰、点缀的作用，即"引人注意"。"供人阅读"的信息，要选用朴实无华的基础字体来表现，"引人注意"的信息，要选用华丽、有个性的字体来表现。

确认点

- ☐ 尝试运用"引人注意"的字体来表现"供人阅读"的信息，确认效果
- ☐ 回顾在练习13中学过的"字体的组合"
- ☐ 观察身边的设计作品中的字体及其功能

标题——运用了凸显个性的"引人注意"的字体
详细信息——运用了简约的"供人阅读"的字体

细节确认

需要"引人注意"的标题，采用有设计感、展示性强的装饰性字体来表现。

以可读性强的字体重复标题，提供阅读支持。

注意要以小号字体来表现特别想要"供人阅读"的信息。

TRY! ■ 运用其他"引人注意"的字体来创作吧。

利用重叠的文字提高视觉冲击力

■ 使用字体

· Mojito Rough

· Alternate Gothic No1 D

以"引人注意"为目的的标题，即便识别略有困难也不必在意，华丽、夺目是它更为重要的意义。文字重叠或添加插画，也是值得推荐的表现方法。

设计建议 +1

[吸睛夺目！推荐字体]

下面推荐一些常用于标题周围，用来"引人注意"的字体。灵活运用字体及其组合，试着创作引人注目的标题 LOGO 吧！

| Adobe 字体

· Kewl Script

· Fairwater Sailor Serif

· Prater Block Pro

· TA- 方眼 K500

· TA-rb0925

| 免费字体

· FRINCO

· Metro Uber Font

· Hitchhiker b

· しろくま字体

· バナナスリップ

练习

15

[设计描摹]
打折活动横幅广告

当设计中的文字要素较多时，仅通过大小和色彩来表现优先顺序是远远不够的。本节介绍的是运用点缀法使文字更加引人注意的方法。

预计用时 🕐 **45** 分钟

■描摹以下设计作品，学习文字的点缀法。

?
☹

设计是如何让文字更加引人注意的？

■ 基本信息

- 尺寸
横幅广告（336px×280px）

- 构图要素
・教室名
・打折内容
・日期
・点击引导图标
・图片

■ 使用素材

■ 使用字体

・平成角ゴシック Std W5

・平成角ゴシック Std W7

・Rollerscript Smooth

■ 使用色彩

R 64
G 61
B 60
#403D3C

R 182
G 196
B 95
#B6C45F

R 222
G 171
B 191
#DEABBF

■ 练习15 解析

! 设计要点

☺ 简单地装饰

为了使某种要素引人注意，过分
地对其加以装饰，也可能导致信
息识别困难、设计品质下降。有
意识地适度留白，用简单的点缀
法来装饰文字吧。

确认点

☐ 尝试不运用点缀法，
观察效果

☐ 回顾在练习04中学过
的"留白"

☐ 观察身边杂志、传单
中的文字，考察其点
缀法的运用

细节确认

镶嵌式点缀法指的是：
①圈点 ②空心文字 × 错位底色 ③白色字体

为想要突出强调的文字标记
圈点，是非常有效的文字点
缀法。

白色字体仅用于一处，虽然
字号较小但仍然醒目。

空心文字的宽度和阴影的
浓度是关键。注意避免宽
度过宽，浓度过浓。

TRY! ■ 运用其他点缀法来装饰文字吧。

[A] 色彩平铺法

[B] 画线强调法

色彩平铺法指的是，以其他要素未使用的色彩平铺于文字下方，使文字引人注意的方法。此外，把每个文字用四边形或圆形圈起来，用粗马克笔画线等方法，也十分有效。

这一方法虽简单却奏效。通过横线、波浪线来强调文字信息，观众很容易意识到"这部分信息很重要"。此外，漫画效果符号也是一种表现强调的好方法。

练习
16

[创作练习]
餐厅 LOGO

运用目前为止学过的技巧，选择字体，组合字体，思考配色，试着挑战一下LOGO的创作吧。

预计用时 🕐 **30** 分钟

■ 尝试组合以下要素，创作一个包含[A]、[B]要素的餐厅LOGO。

※使用字体不超过2种，色彩不超过1种。 ※不可以追加插画等要素

[推荐使用Illustrator软件]

提示
😮
根据关键词来选择
字体和色彩吧！

[要素 1] 店名 **Chambrer**

[要素 2] 成立年份 **Since 1997**

文件路径：DesignDrill > LESSON3 > 16

（A）餐厅形象

（B）关键词
· 高级感
· 特别感
· 雅致
· 考究
· 稳重

参考答案在 P.074 ▶

第3课 文字

练习
17

[创作练习]
打折活动 LOGO

本节练习是进阶练习。将所有文字要素都按照优先顺序排列，另外加入练习15中学过的点缀法，完成创作。

预计用时  **60** 分钟

■尝试组合以下要素，创作一个包含[A]、[B]要素的打折活动LOGO。

※使用字体不超过2种，色彩不超过2种。 ※可以追加插画等要素

[推荐使用Illustrator软件]

[要素 1]　标题　**春季学生支援打折活动**

[要素 2]　活动时间　**3/20 — 4/15**

提示

根据文字的优先顺序来分层次呈现吧！

文件路径：DesignDrill > LESSON3 > 17

（A）关键词
· 学生
· 春季
· 支援
· 休闲、舒适

（B）文字优先顺序
①学生支援
②打折
③ 3/20 — 4/15
④春季

参考答案在 P.075 ▶

！创作要点

☺ **有理有据的选择**

根据餐厅参考图与关键词，认真选择字体和色彩。使用2种字体时，要把握好二者间的平衡。每一步都要有明确的理由，才能创作出"有理有据"的作品。

确认点

- ☐ 是否选用了符合店铺印象的字体
- ☐ 是否选用了符合店铺印象的色彩
- ☐ 两种要素间是否达成了平衡

方案1 **衬线体×无衬线体&金色**

运用特点鲜明的衬线体来体现个性，营造高贵、典雅的印象。同样，金色也呈现高级感。

■ **使用字体**

· AdornS Engraved　　· Transat Standard

■ **使用色彩**

C	38%
M	40%
Y	75%
K	0%

方案2 **手写罗马体×衬线体&紫色**

运用雅致的手写罗马体做主字体，搭配符合店铺气质的紫色，使设计呈现利落、高端的感觉。

■ **使用字体**

· P22 Zaner Pro One　　· Corporate E

■ **使用色彩**

C	65%
M	85%
Y	15%
K	0%

■ 练习17 参考答案

! 创作要点

☺ 明确表现强弱差异

在版式设计中，如果要素间的强弱差异不显著，容易导致信息传达困难，成为失败的设计。优先顺序靠前的文字要素，要通过大小、色彩、点缀法等手段引人注意。在此基础上，加入与关键词相关的插画，能更好地传达作品信息。

确认点

☐ 是否选用了符合活动印象的字体和色彩

☐ 是否按照优先顺序表现了要素的强弱差异

☐ 作品能否让人联想起相关的关键词

方案1 空心字体+扩音器插画

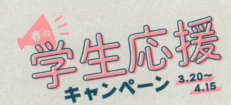

倾斜摆放文字要素，表现冲击力。扩音器插画用于强调"支援"的印象。作品配色充分体现了春季的氛围。

方案2 上下布局+樱花插画

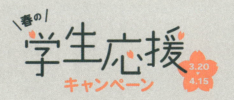

运用富有动感的布局来强调"支援学生"。选用绿色（与黑板色相关联）来表现学生感，通过樱花插画来呈现春季的氛围。

■ 使用字体

· DNP 秀英丸英ゴシック Std B
· Ro ぷらっしゅ Std-U

■ 使用色彩

C 0%
M 47%
Y 0%
K 0%

C 100%
M 0%
Y 19%
K 23%

■ 使用字体

· TA- ことだま R
· 平成丸ゴシック Std W8

■ 使用色彩

C 66%
M 25%
Y 41%
K 23%

C 0%
M 47%
Y 29%
K 0%

练习

18

[设计描摹]
面包店海报

想要版式效果更上一层楼，需要关注和调整字间距（文字与文字的间隔）。设定恰当的字间距，可以使设计作品一跃成为具有专业性的佳作。

预计用时 🕐 **30** 分钟

■ 描摹以下设计作品，学习字间距与行间距。

？
不同的字间距
呈现出怎样不
同的效果？

■ 基本信息

- 尺寸
A4 竖版 （210mm×297mm）

- 构图要素
・LOGO
・标题
・小标题
・文字
・图片

■ 使用素材

■ 使用字体

・貂明朝テキスト Regular

■ 使用色彩

C　0%
M　0%
Y　0%
K 100%

C　5%
M　10%
Y　20%
K　0%

! 设计要点

😊 控制观者的观感

调整字间距有两个作用：一是调整平衡感，使观众观感更加舒适；二是控制"设计给观众留下的印象"。

确认点

☐ 尝试缩小字间距，确认观感

☐ 文字是否呈现易于识别的状态

☐ 回顾练习03中学过的"平衡感"

标题——扩大字间距，阅读起来清晰、明了
字数多的文字要素——设定恰当的字间距，阅读起来流畅、自然

细节确认

扩大字间距，使观众可以轻松识别信息。用于想要突出强调的标题或小标题。

对于字数多的文字要素，调整字间距时，建议把阅读舒适度作为优先考虑的标准。文字密度太大会造成阅读困难，设定恰当的字间距非常重要。

TRY! ■ 变换字间距、行间距，控制设计的印象。

[A] 扩大行间距

[B] 将字间距、行间距设定为统一标准

想要观众认真识别文字信息，不要扩大字间距，而要扩大行间距。扩大行间距；可以吸引观众逐字逐句仔细阅读。

在以上作品中，标题部分的字间距与行间距被设定为统一标准。另外，有意通过"换行"操作把标题限制在一个正方形区域里。通过这种手法突出标题，给人以更深刻的印象。

练习

19

[设计描摹]
饮料工厂海报

版面所传达的信息给观众留下深刻的印象——这是版式设计所追求的重点。本节介绍的是，以文字为主的设计表现方法。

预计用时 **30** 分钟

■ 描摹以下设计作品，学习给人深刻印象的文字表现方式。

Hello! Fresh morning.　juice life

作品是如何
排列要素的？

■ 基本信息

- 尺寸
A4 竖版（210mm×297mm）

- 构图要素
- LOGO
- 品牌口号
- 广告词
- 图片

■ 使用素材

■ 使用字体

- DNP 秀英角ゴシック銀 Std M
- Futura PT Book Oblique

■ 使用色彩

	C	0%
	M	0%
	Y	0%
	K	0%

	C	90%
	M	0%
	Y	70%
	K	0%

	C	0%
	M	80%
	Y	80%
	K	0%

■ 练习19 解析

! 设计要点

☺ **通过违和感来引人注意**

当设计中的文字要素不是水平或垂直排列的，而是倾斜排列时，会使观众产生违和感。版式设计可以通过制造违和感来引人注意，从而达到给人留下深刻印象的目的。

确认点

☐ 尝试缩小字间距，确认观感

☐ 确认文字是否处于易于识别的状态

☐ 回顾练习03中学过的"平衡感"

倾斜排列
表现速度感、跃动感

细节确认

将文字要素倾斜排列，大胆尝试，大胆改变。

加入手写风格的下画线，使画面更具跃动感。

将主题图片略微倾斜，有意识地关注构图的平衡感。

TRY! ■ 尝试运用其他排列方式重新布局。

[A] 横竖混合的文字排列

通过改变文字组合的方向来制造违和感。 通过将文字要素排列在图片周围， 使文字与图片都能成功吸引观众注意。

[B] 将文字与主题图片重叠

字号较大的文字要素，具有较强的冲击力。在此基础上，大胆将文字要素与主题图片重叠，以此制造违和感，吸引观众仔细阅读广告词。

练习

20

[设计临摹]
樱花节传单

本节是第3课的总结章节。通过临摹以文字要素为主的设计，来复习设计要点吧。

预计用时 **75** 分钟

■临摹以下设计作品。

哪里体现了

布局要点？

文件路径：**DesignDrill > LESSON3 > 20**

■ 基本信息

- 尺寸
A5 竖版（148mm×210mm）

- 构图要素

- 标题（日文）
- 标题（英文）
- 日期、时间
- 详细信息
- 文字
- 地图
- 主办单位
- 电话号码

■ 使用素材

■ 使用字体

- FOT- 筑紫 B 丸ゴシック Std R
- FOT- 筑紫 B 丸ゴシック Std B
- Bitter Regular
- 平成角ゴシック Std W3

■ 使用色彩

C	0%
M	70%
Y	35%
K	0%

C	20%
M	40%
Y	60%
K	0%

C	0%
M	0%
Y	0%
K	0%

C	25%
M	50%
Y	0%
K	0%

C	0%
M	0%
Y	0%
K	100%

!

☺ **复习&总结**

这张传单没有使用图片，而是运用文字要素和精心选择的插画素材来呈现的。关注这种使设计更加华丽夺目的表现方法吧。

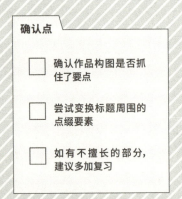

确认点

☐ 确认作品构图是否抓住了要点

☐ 尝试变换标题周围的点缀要素

☐ 如有不擅长的部分，建议多加复习

字体 日系的圆黑体字（丸ゴシック体）　　　空心文字×错位阴影　**点缀法**

运用点缀法制造差异，使标题更加醒目。

这里运用小插画来体现作品的独创性。

这种字体与日系的设计风格十分搭配。

这里运用弧形来缓解枯燥、刻板的印象。

字号较小的文字要素，要选择简单的字体。

字间距 根据文字要素的作用来控制字间距　　　通过分区使信息清晰易懂 布局

标题区域
大胆占用空间, 体现
"主体性"。

标题附近的文字
要素, 通过扩大
字间距产生装饰
效果。

文字采用无违和
感的适度字间距
来呈现, 使其更
易于阅读。

信息区域①
根据每一个文字要
素的优先顺序, 调
整其字号大小, 使
其清晰易读。

信息区域②

设计建议 +1

[时髦日系风格的表现方法]

想要呈现日系的设计风格,
用毛笔字体又显得过于老气。
这种情况推荐使用以下字体:

| Adobe 字体

・TA- ことだま R

・DNP 秀英明朝 Pr6

| 免费字体 F

・はんなり明朝

・はれのそら明朝

字体种类及印象一览表

实用清单

字体的种类多种多样，这里介绍几种常用的基本字体。参考以下字体与风格相关联的关键词，为想要呈现的印象、氛围来寻找合适的字体吧。

中文字体

■ 黑体字 / 粗体字：线条均匀的字体

字体 ·休闲 ·年轻
·基础 ·优雅

■ 圆黑体：线条转角也是圆的黑体字

字体 ·休闲 ·亲切
·儿童 ·柔和

■ 有抑有扬，线条粗细不一的字体

字体 ·正式 ·稳重
·认真 ·高雅

■ 毛笔体：用毛笔书写般的手写字体

字体 ·传统的 ·质朴的
·气质 ·修养

■ 设计体：设计性强的、有特色的字体

字体 ·根据其形状不同，
给人的印象有所不同

西文字体

■ 无衬线体：线条末端没有装饰的字体

ABCabc123 ·休闲 ·年轻
·基础 ·优雅

■ 衬线体：线条末端有装饰的字体

ABCabc123 ·正式 ·稳重
·经典 ·高级感

■ 流线型的手写字体

ABCabc123 ·优雅 ·高贵
·华丽 ·跃动

■ 黑体字 / 粗体字：有历史感的字体

ABCabc123 ·历史感 ·神秘
·威严

■ 装饰字体：装饰性强的、有个性的字体

ABCabc123 ·根据其形状不同，
给人的印象有所不同

第 4 课

 图片

练习 **21 ⟶ 26**

练习
21

[设计描摹]
杂志封面

不是每一张图片都需要完整地展示出来。根据想要表现的印象和设计布局来裁切图片吧。

预计用时  **60** 分钟

■ 描摹以下设计作品，学习裁切图片。

?
图片是如何被
裁切的？

■ 基本信息

- 尺寸

B5 竖版（182mm×257mm）

- 构图要素

- 标题
- 杂志期号
- 特集小标题
- 文字
- 公司名
- 图片

■ 使用素材

■ 使用字体

- Myriad Pro Black
- Myriad Pro Regular
- Program Nar OT
- A-OTF 见出ゴ MB31 Pr6N MB31

■ 使用色彩

C 0%
M 30%
Y 30%
K 85%

C 80%
M 45%
Y 60%
K 0%

设计要点

图片的位置

在版式设计中，将图片安排在什么位置十分重要。使用三分法布局，可轻易裁切出有氛围感的设计作品。根据近景或远景处理，作品呈现出来的效果也有所不同。

确认点

☐ 确认主题对象是否在三分线的交点或线上

☐ 尝试在没有三分法构图的辅助下创作

☐ 回顾第3课中学过的文字部分

三分法构图
以图片横向三等分、竖向三等分后形成的虚线为参照标准

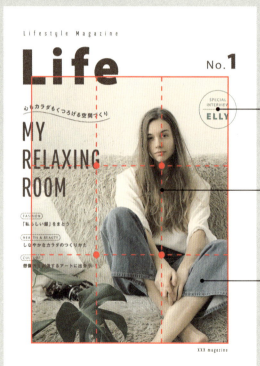

细节确认

有效利用图片空白部分，排列文字信息。

有意将图片的主题对象排列于三分线的交点或线上，会使设计达到令人舒适的平衡感。

裁切图片，使主题对象以最自然的距离感呈现，体现"日常生活"的松弛感。

TRY! ■ 通过裁切图片，变换图片的大小和位置。

[A] 中心构图

[B] 远景构图

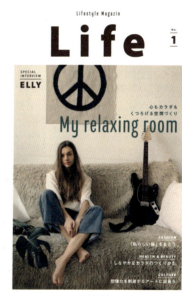

"中心构图"，将主题对象置于设计正中央的构图方法，具有较强的稳定感。通过近景放大处理，起到了突出强调人物的作用。

在远景构图中，主题对象的背景及周边情况等信息量会增加。适用于想要体现图片整体氛围的情况。

第4课 图片

练习

22

[设计描摹]
旅行社海报

设计要素的摆放有诸多技巧。在掌握裁切方法的基础上，再学习一些摆放要素的技巧，可以使运用图片的创作更加轻松、愉快。

预计用时 🕐 **40** 分钟

■ 描摹以下设计作品，学习<u>图片 的 摆放</u>。

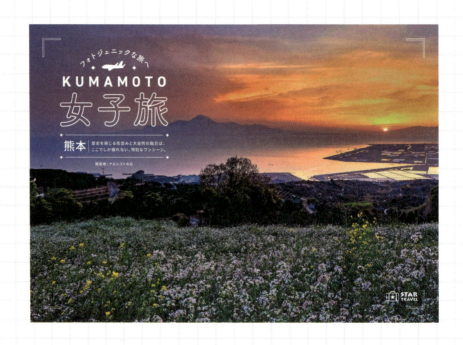

？ 图片 是 如何 摆
😞 放 的？

■ 基本信息

- 尺寸

A4 竖版（297mm×210mm）

- 构图要素

· 标题
· 文字
· 详细信息
· LOGO

■ 使用素材

■ 使用字体

· FOT- 筑紫 A 丸ゴシック Std B   · Noto Sans CJK JP Medium

· DIN 2014 Bold

■ 使用色彩

C	0%
M	0%
Y	0%
K	0%

设计要点

平铺或居中

如右图海报所示，这种把图片从左到右全面铺开的表现方法叫作"平铺法"。根据图片做"平铺"或"居中"处理，设计的整体氛围会有所改变。

确认点

☐ 回顾第21课中学过的"裁切"

☐ 观察将非风景图片做"平铺"处理的效果

☐ 运用其他风景图片做练习

平铺法
可以展现空间的广度和压迫感

细节确认

为不影响图片的"主角"地位，将文字信息归纳到框线中，作为一个整体进行排列。

将风景图片平铺，营造宽广而富有动感的氛围。

TRY! ■ 尝试用其他表现方法来摆放图片。

[A] 角版

[B] 局部平铺法

与平铺法相对的表现方法叫作"角版"。具体来说，是在作品中设置一个方框，将图片置于框内的表现方法。与平铺法相比，角版给人更加低调、沉稳的印象。增加图片四周的空白部分，有助于营造高级感。

上图的明信片采用了"局部平铺法"，图片不做全面铺开处理，只平铺一部分。其左侧的图片做平铺处理后，给人一种风景向左无限延伸的感觉。 这种非对称的设计，更加体现动感。

练习

23

[设计描摹]
甜品店传单

在适应图片的处理之后，建议开始挑战抠图。掌握抠图技巧，会极大地提升设计的表现力。

预计用时  **90** 分钟

■描摹以下设计作品，学习抠图。

?
:(
与"角版"相比，作品呈现出怎样的效果？

■ **基本信息**

- **尺寸**

A5 竖版（148mm×210mm）

- **构图要素**

・标题　　　　　　・详细信息

・广告词

・LOGO

・图片

・日期

■ **使用素材**

■ **使用字体**

・Pacifico Regular　　　　・平成丸ゴシック Std W8

・BC Alphapipe RB Bold

■ **使用色彩**

```
C   0%
M  40%
Y   8%
K   0%
```

```
C   0%
M   0%
Y  30%
K   0%
```

```
C   0%
M   0%
Y   0%
K   0%
```

```
C  50%
M   0%
Y  30%
K   0%
```

```
C   0%
M  80%
Y  20%
K   0%
```

! 设计要点

☺ **抠图的效果**

抠图可以去除背景和图片中其他的无用信息，使观众的注意力集中于主题对象。

确认点

☐ 对比使用角版设计时的效果差异

☐ 做抠图练习

☐ 回顾练习08中学过的"配色"

运用抠图方法
突出强调限定商品的视觉效果

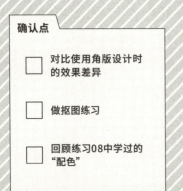

细节确认

配合商品印象，主要文字的字体选择了现代感强、可爱的字体。

将图片摆放于版面中央，呈对称布局，突出强调了商品形象。

当背景显得冷清时，添加少量插画作为装饰。

TRY! ■ 采用其他方法来抠图。

[A] 图形或轮廓抠图

[B] 粗略抠图

以圆形或其他形状的轮廓做剪影处理，该轮廓也可以直接反映出商品形状的印象。

刻意营造出用剪刀随意剪裁的效果。适用于表现休闲感、充满童心的设计作品。

练习

24

[设计描摹]
咖啡店开业 DM
广告

版面中存在多张图片时，需要在考量每张图片的作用之后，再进行排布。

预计用时  **90** 分钟

■ 描摹以下设计作品，学习多张图片的排布方法。

GRAND OPEN

吉祥寺ノーブルカフェ | **9/1** SAT **10:00** a.m.

Nobleをテーマに気品と落ち着きを感じるカフェが誕生しました。当店自慢の深い味わいと香りが特徴のコーヒーは、厳選されたコーヒー豆で淹れたこだわりの一杯です。是非、お楽しみください。

Information

〒180-123X
東京都武蔵野市吉祥寺
南町一丁目 1-12X
TEL 03-123-456X
www.noblecafe_kichijoji.jp

? 多张图片是
如何排布的？

■ 基本信息

- 尺寸

DM 竖版（150mm×100mm）

- 构图要素

- LOGO
- 店名
- 标题
- 日期、时间
- 文字
- 地址、电话号码
- 网址

■ 使用素材

■ 使用字体

- Essonnes Display Bold
- A-OTF 太ミン A101 Pr6N Bold
- Braisetto Bold

■ 使用色彩

C	5%
M	7%
Y	16%
K	0%

C	0%
M	0%
Y	0%
K	100%

使用目的决定表现方法

在设计中有多张图片时，首先需要逐一思考每张图片的使用目的，再根据目的来决定表现方法。此外，还需考虑与其他要素的兼容情况，其大小对版面整体的平衡感的影响。在此基础上再做处理。

确认点

☐ 确认作品呈现的效果是否与预期一致

☐ 尝试变换图片的表现方法，观察效果

☐ 使用其他图片，思考新的表现方法

想要表现店铺氛围，就用角版

想要充分展示商品，就用抠图

GRAND OPEN
吉祥寺ノーブルカフェ 9/1 SAT 10:00 a.m.

Nobleをテーマに気品と落ち着きを感じるカフェが誕生しました。当店自慢の深い味わいと香りが特徴のコーヒーは、厳選されたコーヒー豆で淹れたこだわりの一杯です。是非、お楽しみください。

Information

〒180-123X
東京都武蔵野市吉祥寺
南町一丁目1-12X
TEL 03-123-456X
www.noblecafe_kichijoji.jp

NOBLE CAFE NOBLE CAFE
N KICHIJOJI

细节确认

为体现咖啡店低调、沉静的氛围，以角版表现图片。

将咖啡店的商品做抠图处理后插入版面，为规整的设计布局注入了活力。

TRY! ■尝试新的布局，用其他表现方法来处理多张图片。

[A] 以大小差异体现优先顺序

[B] 把图片设定为相同尺寸进行排列

把咖啡店的招牌商品做放大处理，引人注目。即便不用抠图，制造大小差异，即可呈现有张弛感的布局。大胆、充分地展示主题，吸引观众的兴趣。

以同样形状、同样尺寸排列图片。规整有序的布局给人以高端、理性的印象。特别是图片数量较多时，这种表现方法十分有效。

第4课 图片

练习
25

[创作练习]
日本茶专营店卡片

通过制作店铺卡片，练习图片的处理方法。

预计用时 **30**分钟

■ 组合以下两种要素，制作店铺卡片。

※最多可以使用2种色彩 ※可以追加要素

[要素 1] 图片

[要素 2] LOGO

提示

思考一下：应该把哪种要素排列在最显眼的位置？

文件路径：DesignDrill > LESSON4 > 25

尺寸
名片 横版（91mm×55mm）

参考答案在 P.108 ▶

第4课 图片

练习

26

[创作练习]

美发沙龙 DM 广告

组合图片、LOGO、广告词等要素，制作一则时髦的DM广告吧。

预计用时 🕐 **30** 分钟

■ 组合以下三种要素，制作DM广告

※仅可以使用1种色彩、1种字体　※不可以追加要素

[要素 1]　图片

[要素 2]　LOGO

提示

☺

思考一下：想要传达什么信息？

[要素 3]　广告词

Born Again

文件路径：**DesignDrill > LESSON4 > 26**

尺寸
DM 竖版（100mm×150mm）

参考答案在 P.109 ▶

创作要点

凸显LOGO

店铺卡片是一家店的名片，而LOGO就是它的名字。在摆放图片时，首先要考虑的就是怎样使用图片，才能成功凸显LOGO。

确认点

- ☐ 设计的LOGO是否引人注目
- ☐ 是否有意识地对图片进行了裁切
- ☐ 是否选择了贴合图片风格的字体

方案1 灵活运用图片的留白——王道布局

■ 使用色彩

C 0%
M 0%
Y 0%
K 0%

当图片的留白（背景较空）区域十分充分时，建议灵活利用起来。店铺的 LOGO 与背景的对比强烈，因此无须做放大处理，也会呈现较强的存在感。

方案2 运用了半透明装饰带的布局

■ 使用色彩

C 100%
M 70%
Y 100%
K 0%

C 0%
M 0%
Y 0%
K 0%

将要素做重叠处理，制造纵深，营造精致、考究的氛围。控制色彩的数量，给人以高雅的印象。

■ 练习26 参考答案

! 创作要点

☺ 确定主题

想要创作令人印象深刻的设计作品，建议根据个人想法预设一个主题。接下来的图片处理、字体选择、表现方法的斟酌……都要围绕这个主题进行。这样才能创作出有说服力的设计作品。

确认点

- ☐ 是否能说明图片的表现方法
- ☐ 图片的裁切和排列是否考虑了平衡感
- ☐ 字体和色彩的选择是否符合图片想要表达的主题内涵

方案1 主题——眼神

以斜体字来匹配"风"的动感，而人物望向镜头的眼神则显得格外安静，引人注目。

■ 使用字体

・Realist Light Italic

■ 使用色彩

C 0%
M 0%
Y 0%
K 0%

方案2 主题——重生

通过重复使用图片，突出广告词的视觉效果，给人以更深刻的印象。

■ 使用字体

・Sauna Mono Pro Reg

■ 使用色彩

C 0%
M 0%
Y 0%
K 100%

图片布局方法一览表

根据图片的内容与想要表现的印象不同,图片的最佳布局方法也有所不同。
下面按照主题对象为人物图片或风景图片的两种情况,介绍不同的摆放方法。

当主题对象为人物图片时

主题对象不朝向外侧。	想要充分展示主题对象时,不要手软,大胆裁切。	大量留白给人以低调的印象。	通过裁切,将图片一分为二。	将主题对象抠图后,与文字重叠摆放。

当主题对象为风景图片时

 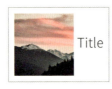  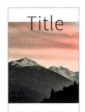 

想要展现壮观与宽阔的感觉,运用平铺法。	想要表现时尚、高端的感觉,建议将图片裁切成正方形。	运用窗口元素来展现风景图片,更显优雅。	上下均做留白处理,设计具有稳定感。	倾斜裁切,也是一种实用技巧。

第 5 课

 构图（高级）

练习 27 — 30

练习
27

[设计描摹]
杂志的专题报道

在练习02中学习过
"对齐"的重要性，但
如果设计要素增加，仅
凭简单的排列方法恐
怕不能应对。本节练习
介绍运用"网格"来整
理信息的方法。

预计用时 🕐 **90** 分钟

■ 描摹以下设计作品，学习网格布局。

网格用在了什么
地方？

文件路径：DesignDrill > LESSON1 > 27

■ 基本信息

- 尺寸
A4 竖版（210mm×297mm）

- 构图要素
- 标题
- 主标题
- 解说词
- 详细信息
- 图片
- LOGO

■ 使用素材

■ 使用字体

- Le Havre Black
- Petersburg Regular
- A-OTF 中ゴシック BBB Pr6N Med
- Brother 1816 Medium

■ 使用色彩

```
C    0%
M    0%
Y    0%
K 100%
```

```
C   5%
M   7%
Y   7%
K   0%
```

```
C  17%
M  15%
Y   8%
K   0%
```

■ 练习27 解析

! 设计要点

☺ **以网格为参照**

如右图所示，设置网格，如同做
"填字游戏"一般，将设计要素
一一填入。如此一来，即便是尺
寸及信息量不同的要素，也会变
得易于摆放。但网格归根结底只
是参照标准，个别要素突破网格
的约束也没问题。

确认点

☐ 确认要素的摆放是否
参照了网格

☐ 确认除去网格辅助后，
设计也并无违和感

☐ 回顾练习03中学过的
"平衡感"

设置网格，填入设计要素。

细节确认

将字号大小和文字量都不同的
标题、主标题等填入网格，即
能轻易获得较好的平衡感。

看起来随机布置的背景，其实
也是根据网格摆放的。

将背景或图片的一部分延伸至
周围留白的区域，可以为整幅
作品注入动感。

(TRY!) ■ 将背景或图片的一部分延伸至周围留白的部分，可以为整幅作品注入动感。

局部要素大胆突破网格的布局

重视氛围感的"参考图"等，可以突破网格的约束，任意摆放效果更佳。

背景是用直线一分为二的规整布局，具有较好的平衡感。

正如前文所述，网格归根结底只是参考标准。作品左侧有两张图片突破了网格约束，通过倾斜摆放呈现了动态效果。而作品右侧和下方的要素沿着网格工整摆放，与倾斜摆放的要素相搭配，使版面整体更显规矩、匀称。

练习

28

[设计描摹]

电影海报

有序摆放要素，可以使版面显得端正、规整，同时也容易给人枯燥、乏味的印象。为消除这种印象，需要学习动态布局，即表现动感的办法。

预计用时 🕐 **75** 分钟

■ 描摹以下设计作品，学习动态布局。

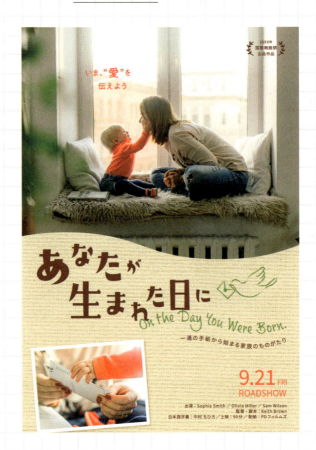

?

该作品中哪里表现了动感？

描摹前准备

■ 基本信息

- 尺寸
A5 竖版（148mm×210mm）

- 构图要素
- 图片
- 标题（日文）
- 标题（英文）
- 小标题
- 广告词
- 日期
- 详细信息

■ 使用素材

■ 使用字体

- こまどり mini **F**
- Chalky Regular
- 源ノ角ゴシック Regular
- A-OTF 太ゴ B101 Pr6N Bold

■ 使用色彩

C 30% M 80% Y 80% K 30%	C 0% M 80% Y 60% K 0%
C 54% M 18% Y 84% K 0%	

! 设计要点

☺ 关于"突破"的思考

随心所欲地摆放要素是设计失败的源头。在掌握优先顺序、对齐方式、平衡感等设计要点的基础上，局部要素可以突破规则的约束，制造动感。

确认点

☐ 确认是否已确保了优先顺序和最基本的对齐方式

☐ "视觉重心"的平衡感是否已达成

☐ 尝试随意摆放要素，观察效果

运用波浪布局
表现微风般和缓的动感

细节确认

通过旋转图片来制造动感可能产生过犹不及的效果，这里采取曲线裁切来营造柔和的印象。

逐一调整每个文字的尺寸和位置，呈现更加打动人心的效果。

采用清晰、明了的表现形式来传达重要信息，使作品整体平衡感更佳。

TRY! ■ 采用其他表现方法打造动态布局。

[A] 倾斜摆放的布局

想要为呆板的设计布局加入一丝动感时，建议将一部分要素倾斜摆放。 将标题与次要图片摆放于对角线两端， 使版面的整体平衡感更佳。

[B] 弧形布局

想要营造柔和的氛围，建议尝试弧形布局。布局要点是,图片的弧度要与文字的弧度相贴合。

练习

29

[设计描摹]

餐厅菜单

当设计的信息量较大时，为使信息易于传达，建议将关系密切的要素进行分组、归类。

预计用时  **90** 分钟

■ 描摹以下设计作品，学习要素的分组、归类。

?
:(

有哪些要素被

分组处理?

■ 基本信息

- 尺寸
A4 竖版 （210mm×297mm）

- 构图要素
· LOGO
· 标题
· 时间
· 菜单名
· 文字

· 价格
· 图片

■ 使用素材

■ 使用字体

· Bitter Bold
· 源ノ角ゴシック JP Medium

· Shelby Regular

■ 使用色彩

C	0%
M	0%
Y	0%
K	100%

C	0%
M	0%
Y	0%
K	0%

!
设计要点

☺ **明确界限**

为清晰、明了地展现分组、归类的情况，有必要为各组信息设置清晰的界限。建议用画线分区、制造间距等方法来表现。

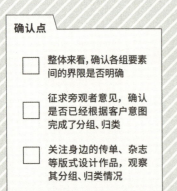

确认点

☐ 整体来看,确认各组要素间的界限是否明确

☐ 征求旁观者意见,确认是否已经根据客户意图完成了分组、归类

☐ 关注身边的传单、杂志等版式设计作品,观察其分组、归类情况

通过画线分组
（实线内的三组）

通过漫画效果符号分组
（虚线内的三组）

细节确认

为体现图片与文字信息同属一组,运用漫画符号来表现关联。

这里没有运用四边形框线，仅用上下两条线就可以充分体现分组情况。过度使用四边形框线会使设计显得俗气,建议减少使用。

Ⓣ TRY! ■ 采用其他方法来分组、归类。 ※[A]的尺寸：A4横版（297mm×210mm）

[A] 仅凭"间距"来分组

[B] 以符号相关联

将同组要素的间距拉近，不同组要素的间距拉远。如果空间足够，无须借助画线分区法，仅通过拉开间距，即可实现分组、归类。

当拉开间距的几个要素属于同组时，可以通过符号、插画等体现其关联性，使信息易于识别。

练习

30

[设计临摹]

瑜伽教室传单

终于进入最后一次练习。请复习前面的全部课程，挑战多要素布局吧。

预计用时 **75**分钟

■临摹以下设计作品。

哪些地方体现了布局要点？

■ 基本信息

- 尺寸

A5 竖版（148mm×210mm）

- 构图要素

· LOGO
· 图片
· 标题
· 文字
· 地址、电话号码等

· 网址
· 二维码

■ 使用素材

■ 使用字体

· 貂明朝テキスト Regular

· 小塚ゴシック Pr6N M

■ 使用色彩

C	20%
M	80%
Y	10%
K	0%

C	11%
M	44%
Y	5%
K	0%

C	0%
M	0%
Y	0%
K	0%

C	25%
M	35%
Y	60%
K	0%

C	0%
M	0%
Y	0%
K	100%

■ 练习30 解析

! 全部课程

😊 **复习&总结**

在阅读解析之前，先思考创作的理由：为什么选择这个色彩、字体、布局……如果能清楚地说明理由，就是设计力得到提升的有力证明。

确认点

☐ 确认设计布局是否抓住了要点

☐ 尝试以A5横版布局进行创作

☐ 如有不擅长的部分，建议多加复习

色彩·文字　治愈系的浅紫色&柔美的明朝体　　　　使视觉开阔的平铺法　图片

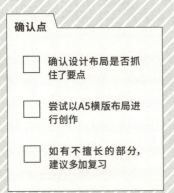

具有女性化柔美气质的明朝体，使设计更上档次。

使视觉开阔的"平铺法"

金色用于符号，为设计增添高级感。

为充分展示图片中模特舒展、悠然的姿态，运用平铺法，使画面更显开阔。

运用渐变色表现轻柔氛围。

`分组` 空间&重复

放大图片,加深印象 `布局`

将设计要素分组后,只要各组间留有足够的间距,不需要框线的辅助,即可表现分组情况。

以同样规则重复处理几个版块的文字,虽然文字内容有所不同,观者也能意识到这几个版块同为一组。

吸睛区域:
放大瑜伽教室的图片,以引起观者的注意。成功吸睛后,即提供了让观者进一步识别文字信息的契机。

说明区域:
即使文字量较大,归入版块后也易于阅读。

信息区域

设计建议 **+1**

[图片选择非常重要!]

如果图片不完美,会造成设计的缺憾。获取免费的高品质图片素材的渠道十分关键。下面介绍两个图片网站。

| pixabay
海量不同类别的免费图片1700多万张

https://pixabay.com/ja/

| PAKUTASO
无须会员即可下载免费图片

https://www.pakutaso.com/

TRACE & MOSHA DE MANABU DESIGN NO DRILL
Copyright © 2020 Power Design Inc.
Original Japanese edition published by Socym Co., Ltd. All rights reserved.
This Simplified Chinese edition was published by Liaoning Science and
Technology Publishing House Co., Ltd. in 2024 by arrangement with Socym
Co., Ltd. through RuiHang Cultural Exchange Agency (DaLian).

©2025，辽宁科学技术出版社。
著作权合同登记号：第 06-2024-108 号。

图书在版编目（CIP）数据

　版式设计手册 . 基础篇 / 日本动力设计著 ；李子译 . 沈阳 ：
辽宁科学技术出版社，2025. 4. -- ISBN 978-7-5591-3742-5

　Ⅰ . TS881

　中国国家版本馆 CIP 数据核字第 2024UU9491 号

出版发行：辽宁科学技术出版社
　　　　　（地址：沈阳市和平区十一纬路 25 号　邮编：110003）
印　刷　者：河南瑞之光印刷股份有限公司
经　销　者：各地新华书店
幅面尺寸：210mm×146mm
印　　张：4
字　　数：150 千字
出版时间：2025 年 4 月第 1 版
印刷时间：2025 年 4 月第 1 次印刷
责任编辑：王丽颖
封面设计：吴　飞
版式设计：吴　飞
责任校对：王玉宝

书　　号：ISBN 978-7-5591-3742-5
定　　价：79.80 元
联系电话：024-23284360
邮购热线：024-23284502
E-mail：wly45@126.com